Jessika Wedemeyer

Der Weierstraßsche Produktsatz und die Weierstraßsche Sigma-Funktion

GRIN Verlag

Bibliografische Information der Deutschen Nationalbibliothek:

Die Deutsche Bibliothek verzeichnet diese Publikation in der Deutschen National-
bibliografie; detaillierte bibliografische Daten sind im Internet über http://dnb.d-
nb.de/ abrufbar.

Impressum:

Copyright © 2012 GRIN Verlag GmbH
Druck und Bindung: Books on Demand GmbH, Norderstedt Germany
ISBN: 978-3-656-74720-8

Dieses Buch bei GRIN:

http://www.grin.com/de/e-book/233388/der-weierstrasssche-produktsatz-und-die-
weierstrasssche-sigma-funktion

GRIN - Your knowledge has value

Der GRIN Verlag publiziert seit 1998 wissenschaftliche Arbeiten von Studenten, Hochschullehrern und anderen Akademikern als eBook und gedrucktes Buch. Die Verlagswebsite www.grin.com ist die ideale Plattform zur Veröffentlichung von Hausarbeiten, Abschlussarbeiten, wissenschaftlichen Aufsätzen, Dissertationen und Fachbüchern.

Besuchen Sie uns im Internet:

http://www.grin.com/

http://www.facebook.com/grincom

http://www.twitter.com/grin_com

WESTFÄLISCHE
WILHELMS-UNIVERSITÄT
MÜNSTER

Der Weierstraßsche Produktsatz und die Weierstraßsche Sigma-Funktion

Bachelorarbeit
von Jessika Wedemeyer

Abgabe: 19. Juli 2012

Fachbereich Mathematik und Informatik

Inhaltsverzeichnis

Kapitel 1

Einleitung und Grundlagen

In dieser Arbeit wollen wir uns mit einem Teilgebiet der Funktionentheorie beschäftigen. Wir werden uns den unendlichen Produkten, ihren Eigenschaften und ihrer Anwendung widmen.

Schüler lernen bereits, wie sie eine differenzierbare Funktion (in der Schule nur größtenteils reellwertige Polynomfunktionen ab 2. Grades) in ein Produkt ihrer Linearfaktoren zerlegen, sodass ihre Nullstellen aus diesem Produkt direkt ablesbar sind. Doch auch andersherum wird in der Schule gelehrt, wie anhand von vorgegebenen Nullstellen bestimmten Grades eine solche differenzierbare Funktion "gebastelt" werden kann. Diese dort noch sehr simple Theorie wird in der Funktionentheorie oder auch komplexen Analysis auf komplexwertige Funktionen erweitert. Mit ebendiesem Thema werden wir uns in dieser Arbeit beschäftigen.

KARL THEODOR WILHELM WEIERSTRASS (* 31. Oktober 1815, †19. Februar 1897), ein bedeutsamer Mathematiker aus dem Münsterland, widmete sich in der zweiten Hälfte des 19. Jahrhunderts der Theorie der Produktentwicklung einer Funktion anhand ihrer Nullstellen. Sein Ergebnis, dass es *ganze* Funktionen (Definition folgt) mit willkürlich vorgegebenen Nullstellen gibt, veränderte das mathematische Denken der Funktionentheoretiker im 19. Jahrhundert grundlegend. Man konnte mit dieser Erkenntnis auf einmal neue Funktionen "bauen", die im damaligen Funktionenvorrat noch nicht vorgekommen waren (vgl. [Remmert 2007, Kap. 3, S. 82]).

Der Satz, der das Fundament dieser Theorie von Weierstraß darstellt, ist der sogenannte Weierstraßsche Produktsatz über $\mathbb{C}$. Er wird den Mittelpunkt dieser Arbeit darstellen. Wir werden uns in diesem Kapitel grundlegenden Definitionen und Sätzen der Funktionentheorie zuwenden. Es soll als knappe (wiederholende) Einführung für den Leser in die Funktionentheorie dienen.

Im anschließenden zweiten Kapitel werden wir die unendlichen Produkte in $\mathbb{C}$ näher betrachten. Verschiedene Arten von Konvergenz sollen definiert und umschrieben werden. Im dritten Teil, dem wichtigsten dieser Arbeit, werden wir uns dem Weierstraßschen Produktsatz mit Hilfe der vorigen Kapitel nähern und ihn beweisen, sowie ein Beispiel für seine Anwendung anführen. Abschließend wollen wir im letzten Kapitel den Weierstraßschen Produktsatz auf die Ebene $\mathbb{C} = \mathbb{R}^2$ anwenden. Wir werden die sogenannte Weierstraßsche σ-Funktion herleiten und aus ihr noch zwei weitere Weierstraßsche Funktionen entwickeln.

Diese Arbeit wird auf der Grundlage des Buches *Funktionentheorie* von FALKO LORENZ [Lorenz 1997] entwickelt. Wir werden uns vor allem auf seine Vorgehensweise bei Definitionen, Sätzen und Beweisen stützen und sie teilweise ausführlicher erläutern.

1.1 Grundlegende Definitionen und Sätze

Wir wollen zunächst einige wichtige grundlegende Definitionen und Sätze der Funktionentheorie anführen, die für den weiteren Verlauf der Arbeit vorausgesetzt werden.

1.1.1 Definition: komplex differenzierbar

Sei M eine nichtleere Teilmenge von $\mathbb{C}$ und $f : M \longrightarrow \mathbb{C}$ eine Funktion. f heißt dann *komplex differenzierbar* in $z_0 \in M$, wenn

$$\lim_{z \to z_0} \frac{f(z) - f(z_0)}{z - z_0} \text{ in } \mathbb{C} \text{ existiert.}$$

1.1.2 Definition: analytisch

Sei U eine offene Menge in $\mathbb{C}$. Wir nennen eine Funktion $f : U \longrightarrow \mathbb{C}$ *analytisch in U*, wenn f sich in jedem Punkt z_0 von U in eine Potenzreihe entwickeln lässt.

Die Menge aller analytischen Funktionen auf U bezeichnen wir mit

$$\mathcal{O}(U) := \{f : U \to \mathbb{C};\ f \text{ analytisch}\}.$$

1.1.3 Definition: ganze Funktion

Eine analytische Funktion $f : \mathbb{C} \longrightarrow \mathbb{C}$ heißt eine *ganze Funktion*. Beispiele für solche Funktionen sind die komplexe Exponentialfunktion und die komplexe Sinus- bzw. Cosinusfunktion. Die auf $\mathbb{C}$ definierten Polynomfunktionen der Form

$$f(z) = a_n z^n + \ldots + a_1 z + a_0, \ a_i \in \mathbb{C}, \ n \in \mathbb{N}$$

sind ebenfalls ganze Funktionen.

Die ganzen Funktionen bilden einen Ring $\mathcal{O}(\mathbb{C})$ mit

$$\mathcal{O}(\mathbb{C}) = \{f : \mathbb{C} \longrightarrow \mathbb{C}; \ \text{f analytisch}\}.$$

1.1.4 Definition: holomorph

Eine Funktion $f : U \longrightarrow \mathbb{C}$ heißt *holomorph*, wenn U offen in $\mathbb{C}$ ist und f in jedem Punkt von U komplex differenzierbar ist.

Bemerkung: Es gilt: f analytisch $\Longleftrightarrow$ f holomorph. (vgl. [Lorenz 1997, Kap. II, 2.1.2 und Kap. IV, 4.1.3])

1.1.5 Definition: Gebiet

Ein *Gebiet* in $\mathbb{C}$ ist eine nichtleere offene und zusammenhängende Teilmenge von $\mathbb{C}$.

1.1.6 Definition und Satz: Ordnung an der Stelle a

Gegeben seien ein Gebiet U und eine holomorphe Funktion $f : U \longrightarrow \mathbb{C}$ sowie ein $a \in U$. Diese Funktion verschwinde in keiner Umgebung von a. Es gibt dann ein $k \in \mathbb{N}$ und eine analytische Funktion $g : U \longrightarrow \mathbb{C}$ mit

$$f(z) = (z - a)^k g(z) \text{ in } U, \text{ sowie } g(a) \neq 0.$$

k und g sind hierdurch eindeutig bestimmt. Wir sagen dann, f sei von der *Ordnung k an der Stelle a* und wir schreiben

$$\mathrm{ord}_a(f) = k.$$

Im Falle von $f(a) = 0$ heißt $\mathrm{ord}_a(f)$ auch die *Vielfachheit der Nullstelle a von f*. Für den Beweis vgl. [Lorenz 1997, Kap. IV, 4.3.1].

Bemerkung: Sind $f_1, f_2 : U \longrightarrow \mathbb{C}$ holomorph, so gilt:

$$\mathrm{ord}_a(f_1 \cdot f_2) = \mathrm{ord}_a(f_1) + \mathrm{ord}_a(f_2).$$

1.1.7 Definition: isolierte Singularität

Sei $U \subseteq \mathbb{C}$ offen und $z_0 \in \mathbb{C}$. Ist dann $f : U \setminus \{z_0\} \longrightarrow \mathbb{C}$ holomorph, so ist z_0 eine *isolierte Singularität* von f.

Dieses z_0 ist zunächst einmal nur eine Definitionslücke von f. Das Entscheidende ist, dass es keine Folge von singulären Punkten von f gibt, die sich gegen z_0 häufen, also, dass z_0 eine isolierte Definitionslücke ist.

1.1.8 Definition: Pol

Eine isolierte Singularität a von f heißt *Pol* von f, wenn gilt

$$\lim_{z \to a} f(z) = \infty.$$

Diese Aussage ist in der *erweiterten komplexen Ebene* $\hat{\mathbb{C}} := \mathbb{C} \cup \{\infty\}$ zu begreifen. $a = 0$ ist zum Beispiel ein Pol von $\frac{1}{z}$.

1.1.9 Satz: Charakterisierung von Polen

Sei U ein Gebiet in $\mathbb{C}$ und $a \in U$ eine isolierte Singularität der holomorphen Funktion $f : U \setminus \{a\} \longrightarrow \mathbb{C}$. Dann sind äquivalent:

(i) a ist Pol von f

(ii) $\exists\, m \in \mathbb{N}$, sodass $\lim_{z \to a} (z-a)^m f(z)$ existiert und ungleich 0 ist.

(iii) $\exists\, n \in \mathbb{N}$ und $h \in \mathcal{O}(U)$ mit $h(a) \neq 0$ und

$$f(z) = \frac{h(z)}{(z-a)^n} = (z-a)^{-n} h(z) \text{ auf } U \setminus \{a\}.$$

Ist nun a ein Pol von f, so gilt $m = n$ und m, n in (ii) und (iii) sind eindeutig. Wir nennen n die *Ordnung des Poles* a von f und wir setzen

$$\operatorname{ord}_a(f) = -n.$$

Für den Beweis vgl. [Lorenz 1997, Kap. V, 5.1.3].

1.1.10 Definition: meromorphe Funktion

Sei U ein Gebiet in $\mathbb{C}$. Eine Abbildung $f : U \longrightarrow \hat{\mathbb{C}}$ heißt eine *meromorphe Funktion*, wenn folgende Bedingungen gelten:

(i) Die Menge $S_f := \{a \in U; f(a) = \infty\}$, also die Menge der ∞-Stellen von f hat keinen Häufungspunkt. (Dies ist gleichbedeutend damit, dass S_f diskret und abgeschlossen in U ist.)

(ii) Die Einschränkung von f auf $U \setminus S_f$ ist holomorph. ($U \setminus S_f$ ist wegen (i) offen.)

(iii) Jedes $a \in S_f$ ist ein Pol von f.

1.1.11 Definition: logarithmische Ableitung

Sei $f \neq 0$ und holomorph in einem Gebiet U. Dann ist $\frac{f'(z)}{f(z)}$ meromorph in U und heißt *logarithmische Ableitung* von f.

1.1.12 Definition: periodische Funktion

Sei f eine meromorphe Funktion auf $\mathbb{C}$. Gibt es ein $w \in \mathbb{C}$ mit

$$f(z + w) = f(z) \; \forall \; z \in \mathbb{C},$$

so nennen wir f eine *periodische Funktion*. Jedes $w \neq 0$ mit dieser Eigenschaft nennen wir *Periode* von f. (Dabei interpretieren wir an den Polstellen von f, dass "$\infty = \infty$"gilt.)

Kapitel 2

Unendliche Produkte in $\mathbb{C}$

2.1 Unendliche Produkte komplexer Zahlen

Sei (w_k) eine Folge komplexer Zahlen, $k \in \mathbb{N}$. Wir wollen nun das unendliche Produkt

$$\prod_{k=1}^{\infty} w_k \tag{2.1}$$

betrachten und seine Konvergenz definieren. Hier wäre es nicht von Nutzen folgende Äquivalenz zu gebrauchen:

$$\prod_{k=1}^{n} w_k \text{ konvergiert} \iff \prod_{k=1}^{\infty} w_k \text{ konvergiert.}$$

Nach dieser Definition könnte das unendliche Produkt gleich 0 sein, ohne dass ein Glied w_k gleich 0 wäre. Dies wäre zum Beispiel für $w_k = \frac{1}{k}$ der Fall, denn

$$\prod_{k=1}^{n} \frac{1}{k} = \frac{1}{n!} \stackrel{n \to \infty}{\longrightarrow} 0 \text{ , also}$$

$$\prod_{k=1}^{\infty} \frac{1}{k} = 0 \text{ , aber } w_k \neq 0 \, \forall \, k \in \mathbb{N}.$$

Somit ist folgende Definition sinnvoller:

2.1.1 Definition: Konvergenz

$\prod_{k=1}^{\infty} w_k$ ist *konvergent*, wenn

$$\exists \, m \in \mathbb{N} \text{ , sodass} \, \forall \, n \geq m \text{ gilt: } \prod_{k=m}^{n} w_k \stackrel{n \to \infty}{\longrightarrow} w \neq 0 \text{ mit } w_k \neq 0 \, \forall \, k \geq m, w \in \mathbb{C}.$$

Mit dieser Definition der Konvergenz unendlicher Produkte ist nun auch Folgendes erfüllt:

$$\prod_{k=1}^{\infty} w_k = 0 \Longleftrightarrow w_k = 0 \text{ für mindestens ein } k.$$

Bezeichnung: Ist (2.1) also im Sinne der Definition 2.1.1 konvergent, so bezeichnen wir damit auch den Grenzwert von $\prod_{k=1}^{n} w_k$, also:

$$\prod_{k=1}^{\infty} w_k = \lim_{n \to \infty} \prod_{k=1}^{n} w_k = \prod_{k=1}^{m-1} w_k \cdot \prod_{k=m}^{\infty} w_k \text{ mit } \prod_{k=m}^{\infty} w_k \neq 0.$$

Bemerkung: Für die Konvergenz von (2.1) ist es notwendig, dass gilt:

$$\lim_{k \to \infty} w_k = 1.$$

Beweis. Sei $0 \neq w = \lim_{n \to \infty} \prod_{k=m}^{n} w_k$ eine feste Zahl. Dann konvergiert $\prod_{k=m}^{n+1} w_k$ ebenfalls gegen dieses $w \neq 0$. Des Weiteren können wir ohne Einschränkung annehmen, dass $w_k \neq 0 \ \forall \ k$ ist. Somit gilt:

$$w_{n+1} = \frac{w_m \cdot \ldots \cdot w_n \cdot w_{n+1}}{w_m \cdot \ldots \cdot w_n} = \frac{\prod_{k=m}^{n+1} w_k}{\prod_{k=m}^{n} w_k} \xrightarrow{n \to \infty} \frac{w}{w} = 1.$$

$\square$

Dieses Kriterium ist zwar notwendig, jedoch nicht hinreichend für die Konvergenz von (2.1). Siehe dazu das Beispiel 2.1.6.

2.1.2   Satz: Konvergenz

Um ein unendliches Produkt auf Konvergenz zu untersuchen, bietet sich der folgende Satz an. Er stellt einen Zusammenhang zwischen der Konvergenz eines unendlichen Produktes und der Konvergenz einer unendlichen Reihe her. Wir werden ihn vor allem für den Beweis des Satzes über absolute Konvergenz (Abschnitt 2.1.4) brauchen.

Gelte in (2.1) $w_k \neq 0$ für alle k. Es besteht dann folgende Äquivalenz:

$$\prod_{k=1}^{\infty} w_k \text{ konvergent} \Longleftrightarrow \sum_{k=1}^{\infty} l(w_k) \text{ konvergent.}$$

Dabei ist $l(w_k) = \log|w_k| + i \cdot \text{Arg}(w_k)$ mit $-\pi < \text{Arg}(w_k) \leq \pi$ der sogenannte *Hauptwert von log(w)*. Dieser erfüllt die Gleichung $e^{l(w_k)} = w_k$. Außerdem ist die holomorphe Funktion Log: $\mathbb{C} \setminus \mathbb{R}_{\leq 0} \longrightarrow \mathbb{C}$ mit $z \longmapsto l(z)$ der sogenannte *Hauptzweig des Logarithmus* (vgl. [Lorenz 1997, Kap. I, S.38ff]).

Beweis. Wir setzen zur Vereinfachung zunächst

$$p_n := \prod_{k=1}^n w_k \text{ und } s_n := \sum_{k=1}^n l(w_k).$$

Für jedes $n \in \mathbb{N}$ gilt dann folgende Gleichung:

$$e^{s_n} = e^{\sum_{k=1}^n l(w_k)} = \prod_{k=1}^n e^{l(w_k)} = \prod_{k=1}^n w_k = p_n.$$

Daraus wird klar, dass wenn $(s_n)_n$ gegen einen Grenzwert s konvergiert, auch $(p_n)_n$ konvergiert und zwar gegen den Grenzwert $e^s \neq 0$. Die eine Richtung der Äquivalenz ("$\Longleftarrow$") ist somit gezeigt.

Nun zur Richtung "$\Longrightarrow$": Sei jetzt die Folge $(p_n)_n$ konvergent gegen einen Grenzwert $p \neq 0$. Es gibt somit wegen $p \neq 0$ eine offene Umgebung U von p, in der ein holomorpher Zweig g des Logarithmus existiert (vgl. [Lorenz 1997, Kap. I, 1.5.10]). Für fast alle $n \in \mathbb{N}$ ist dann $p_n \in U$ und es gilt

$$e^{g(p_n)} = p_n = e^{s_n}.$$

Es gibt dann zu jedem dieser n ein $k_n \in \mathbb{Z}$ mit

$$s_n = g(p_n) + 2 \cdot k_n \cdot \pi i. \tag{2.2}$$

Wir vergleichen nun zwei aufeinanderfolgende Glieder von s_n, was uns Folgendes liefert:

$$\begin{aligned}
l(w_{n+1}) &= s_{n+1} - s_n \\
&= g(p_{n+1}) + 2 \cdot k_{n+1} \cdot \pi i - (g(p_n) + 2 \cdot k_n \cdot \pi i) \\
&= g(p_{n+1}) - g(p_n) + 2 \cdot \pi i \cdot (k_{n+1} - k_n).
\end{aligned}$$

Wie wir bereits wissen ist $w_n \overset{n\to\infty}{\longrightarrow} 1$, woraus $l(w_n) \overset{n\to\infty}{\longrightarrow} 0$ (und somit auch $l(w_{n+1}) \overset{n\to\infty}{\longrightarrow} 0$) folgt, da der Hauptwert von $\log(w_n)$ im Punkt 1 stetig ist (vgl. [Lorenz 1997, Kap. I, 1.5.4]). Da g stetig ist, folgt, dass auch die Folge $(g(p_{n+1}) - g(p_n))_n$ gegen 0 konvergiert. Somit muss die Folge $(k_{n+1} - k_n)_n$ ebenfalls gegen 0 konvergieren. Dies ist gleichbedeutend damit, dass ein n_0 existiert, sodass $k_{n+1} = k_n$ für alle $n > n_0$. Da es sich bei der Folge $(k_n)_n$ um eine Folge ganzer Zahlen handelt, gibt es also ein $k \in \mathbb{Z}$ mit $k_n = k$ für fast alle n. Betrachten wir noch einmal (2.2), so wird klar, dass dann die Folge $(s_n)_n$ konvergiert und zwar gegen den Grenzwert $g(p) + 2k\pi i$. $\qquad\square$

2.1.3 Konvention

Aufgrund dessen, dass $\lim_{k\to\infty} w_k = 1$, wenn $\prod_{k=1}^{\infty} w_k$ konvergiert, schreiben wir nun anstatt w_k stets $(1 + a_k)$, d.h. $a_k = w_k - 1$. Wir betrachten somit im Folgenden das unendliche Produkt

$$\prod_{k=1}^{\infty}(1 + a_k), \tag{2.3}$$

für das nun gilt (vgl. Bemerkung unter 2.1.1):

$$\prod_{k=1}^{\infty}(1 + a_k) \text{ konvergent} \implies \lim_{k\to\infty} a_k = 0.$$

2.1.4 Defintion: absolute Konvergenz

Neben der allgemeinen Konvergenz eines unendlichen Produktes spielt die absolute Konvergenz auch eine sehr große Rolle für die Untersuchung von unendlichen Produkten. Sie sagt nicht nur aus, dass etwas konvergent ist, sondern darüber hinaus, dass wir unsere Faktoren im Produkt umordnen können, ohne dass sich der Grenzwert ändert. Dies ist eine sehr wichtige Eigenschaft, die im weiteren Verlauf dieser Arbeit gebraucht wird. Näheres dazu in der Bemerkung unter 2.1.5.

Das unendliche Produkt (2.3) heißt *absolut konvergent*, wenn auch das unendliche Produkt

$$\prod_{k=1}^{\infty}(1 + |a_k|)$$

konvergiert.

2.1.5 Satz: absolute Konvergenz

In diesem Satz wird eine Verbindung zwischen absolut konvergenten Produkten und absolut konvergenten Reihen hergestellt. Der Satz wird vor allem wichtig um spätere Aussagen über die sogenannte kompakte Konvergenz (ab Abschnitt 2.2.3) zu beweisen.

Folgende Aussagen sind äquivalent zueinander:

(i) $\prod_{k=1}^{\infty}(1 + a_k)$ ist absolut konvergent.

(ii) $\sum_{k=1}^{\infty} a_k$ ist absolut konvergent.

(iii) $\exists\, m \in \mathbb{N}$ mit $|a_k| < 1 \,\forall\, k \geq m$, sodass $\sum_{k=m}^{\infty} \operatorname{Log}(1+a_k)$ absolut konvergent ist.

Beweis. Alle drei Aussagen haben eine gemeinsame Folgerung:

$$\lim_{k \to \infty} a_k = 0. \tag{2.4}$$

Für (i) vergleiche 2.1.3 und für (ii) ist dies eine notwendige Bedingung zur Konvergenz einer Reihe. Gilt die Aussage (iii), so konvergiert $\operatorname{Log}(1+a_k)$ gegen 0 und damit $1+a_n = e^{\operatorname{Log}(1+a_k)}$ gegen 1 und daraus folgt die Behauptung.

Betrachten wir nun die Reihenentwicklung von $\operatorname{Log}(1+w)$ (vgl. dazu [Lorenz 1997, Kap. I, 1.5.10.1]):

$$\operatorname{Log}(1+w) = \sum_{k=0}^{\infty} (-1)^k \frac{w^{k+1}}{k+1} = w - \frac{w^2}{2} + \frac{w^3}{3} - \frac{w^4}{4} + \frac{w^5}{5} - \ldots \,\forall\, |w| < 1, w \in \mathbb{C}.$$

Aus ihr lässt sich folgende Abschätzung entnehmen:

$$\frac{1}{2}|w| \leq |\operatorname{Log}(1+w)| \leq \frac{3}{2}|w| \,\forall\, |w| < \frac{1}{2}. \tag{2.5}$$

Aufgrund von (2.4) gilt auch

$$\frac{1}{2}|a_k| \leq |\operatorname{Log}(1+a_k)| \leq \frac{3}{2}|a_k| \text{ für fast alle } k. \tag{2.6}$$

Aus dieser letzten Abschätzung lässt sich mit dem Majorantenkriterium die Äquivalenz zwischen (ii) und (iii) herleiten.

Wegen 2.1.2 gilt folgende Äquivalenz:

$$\prod_{k=1}^{\infty} (1 + |a_k|) \text{ konvergent} \iff \sum_{k=1}^{\infty} l(1 + |a_k|) = \sum_{k=1}^{\infty} \operatorname{Log}(1 + |a_k|) \text{ konvergent.}$$

Wenden wir nun unsere Abschätzung (2.6) auf die Folge $(|a_k|)_k$ an, so folgt daraus:

$$\sum_{k=1}^{\infty} |a_k| \text{ konvergent} \iff \sum_{k=1}^{\infty} \operatorname{Log}(1 + |a_k|) \text{ konvergent.}$$

Somit haben wir die Äquivalenz zwischen (i) und (ii) gezeigt und damit auch zwischen allen drei Aussagen. $\qquad\square$

Bemerkung: Ist ein unendliches Produkt absolut konvergent, so ist es auch konvergent. Man kann sogar noch mehr sagen: Aus der absoluten Konvergenz folgt auch, dass jedes Produkt, dass durch Permutation seiner Faktoren entsteht, ebenfalls konvergent ist und gegen den gleichen Grenzwert konvergiert.

Beweis. Aus der Voraussetzung der absoluten Konvergenz folgt zunächst $\lim_{k\to\infty} a_k = 0$. Daraus wiederum folgt, dass $1 + a_k \neq 0$ für fast alle k ist. Nach der Definition 2.1.1 über die Konvergenz können wir dann ohne Einschränkung annehmen, dass $1 + a_k \neq 0$ für alle k gilt. Aus der Konvergenz der a_k gegen 0 folgt dann $l(1 + a_k) = \text{Log}(1 + a_k)$ für fast alle k (zu den Funktionen l,Log vgl. nochmal 2.1.2). Aufgrund von dem soeben gezeigten Satz ist auch die Reihe $\sum_{k=1}^{\infty} \text{Log}(1+a_k) = \sum_{k=1}^{\infty} l(1+a_k)$ absolut konvergent. Da absolut konvergente Reihen umgeordnet werden können, ohne dass sich ihr Grenzwert ändert, folgt nun mit 2.1.2 unsere Behauptung. $\square$

2.1.6 Beispiel: Konvergenz

Betrachten wir das unendliche Produkt

$$\prod_{k=1}^{\infty} \left(1 + \frac{1}{k}\right).$$

Hier ist $a_k = \frac{1}{k}$ und es gilt $\lim_{k\to\infty} a_k = \lim_{k\to\infty} \frac{1}{k} = 0$. Nehmen wir an, dass das unendliche Produkt konvergiert, dann würde es aufgrund von $\frac{1}{k} > 0 \; \forall \; k$ auch absolut konvergieren. Nach dem Satz 2.1.5 wäre dann auch $\sum_{k=1}^{\infty} \frac{1}{k}$ konvergent. $\notz$
Dies führt zum Widerspruch und somit konvergiert $\prod_{k=1}^{\infty} \left(1 + \frac{1}{k}\right)$ nicht.

Hier wird deutlich, dass das Kriterium $\lim_{k\to\infty} a_k = 0$ in der Bemerkung unter 2.1.1 nur notwendig, aber nicht hinreichend für die Konvergenz eines unendlichen Produktes ist.

2.2 Unendliche Produkte komplexer Funktionen

Wir wollen nicht nur Produkte komplexer Zahlen, sondern nun auch Produkte komplexer Funktionen betrachten. Grund dafür ist der in dieser Arbeit im Mittelpunkt stehende Satz, der Weierstraßsche Produktsatz. Er behandelt in seiner Aussage gerade unendliche Produkte von komplexen Funktionenfolgen.

13

Sei $(f_k)_k$ eine Folge von Funktionen mit $f_k : X \longrightarrow \mathbb{C}$, $\emptyset \neq X \subseteq \mathbb{C}$. Wir wollen also nun das unendliche Produkt

$$\prod_{k=1}^{\infty} f_k \tag{2.7}$$

näher betrachten.

2.2.1 Definition: gleichmäßige Konvergenz

Die gleichmäßige Konvergenz und auch der hierauf folgende Satz über ebendiese werden uns helfen mit der für unseren Weierstraßschen Produktsatz wichtigen kompakten Konvergenz umgehen zu können.

Das unendliche Produkt (2.7) *konvergiert gleichmäßig* auf der Menge X, wenn ein $m \in \mathbb{N}$ existiert, sodass die Funktionenfolge

$$\left(\prod_{k=m}^{n} f_k \right)_{n \geq m}$$

gleichmäßig auf der Menge X gegen eine nullstellenfreie Funktion $\widetilde{f_m}$ konvergiert. In diesem Fall konvergiert dann auch das unendliche Produkt

$$\prod_{k=1}^{\infty} f_k(z) \tag{2.8}$$

für jedes $z \in X$. Den Wert davon bezeichnen wir mit $f(z)$ und erhalten somit eine Funktion $f : X \to \mathbb{C}$, die wir die Grenzfunktion von (2.7) nennen:

$$f = \prod_{k=1}^{\infty} f_k.$$

Es gilt dann $f = f_1 \cdot f_2 \cdot \ldots \cdot f_{m-1} \cdot \widetilde{f_m}$ und wegen der Beschränktheit der Funktionen f_k gilt auch, dass die Folge der Teilprodukte von (2.7) gleichmäßig gegen f konvergiert.

2.2.2 Satz: gleichmäßige Konvergenz

Seien eine Menge $X \neq \emptyset$ und eine Folge $(g_n)_n$ von beschränkten Funktionen $g_n : X \longrightarrow \mathbb{C}$ gegeben. Wenn dann die Funktionenreihe

$$\sum_{k=1}^{\infty} |g_k| \tag{2.9}$$

14

gleichmäßig auf X konvergiert, dann ist auch das Produkt

$$\prod_{k=1}^{\infty}(1 + g_k)$$

gleichmäßig konvergent auf X.

Bemerkung: Seien eine Menge $X \neq \emptyset$ und eine Folge $(h_n)_n$ eine Funktionenfolge mit $h_n : X \longrightarrow \mathbb{C}$ gegeben. Konvergiert nun $(h_n)_n$ gleichmäßig auf X gegen eine beschränkte Funktion $h : X \longrightarrow \mathbb{C}$, dann konvergiert die Folge $(e^{h_n})_n$ gleichmäßig auf X gegen e^h.

Zum Beweis dieser Bemerkung vgl. [Lorenz 1997, Kap. XII, 12.1.6].

Beweis von 2.2.2. Wie wir in (2.5) bereits festgestellt haben, gilt folgende Abschätzung:

$$|\mathrm{Log}(1 + w)| \leq \frac{3}{2}|w| \; \forall \; |w| < \frac{1}{2}. \tag{2.10}$$

Nach Voraussetzung konvergiert die Reihe (2.9) gleichmäßig konvergent auf X, d.h. es gibt ein $m \in \mathbb{N}$ mit

$$\sum_{k=m}^{\infty} |g_k(z)| < \frac{1}{2} \; \forall \; z \in X. \tag{2.11}$$

Für $k \geq m$ gilt dann auch $|g_k(z)| < \frac{1}{2} \; \forall \; z \in X$ und so folgt mit (2.10)

$$|\mathrm{Log}(1 + g_k(z))| \leq \frac{3}{2}|g_k(z)| \; \forall \; z \in X, \; \forall k \geq m. \tag{2.12}$$

Da (2.9) gleichmäßig auf X konvergiert, konvergiert aufgrund der obigen Abschätzung auch

$$\sum_{k=m}^{\infty} \mathrm{Log}(1 + g_k)$$

gleichmäßig auf X (Weierstraßsches Majorantenkriterium). Wir setzen nun $h_n := \sum_{k=m}^{n} \mathrm{Log}(1+g_k)$ (Partialsummen) und $h := \sum_{k=m}^{\infty} \mathrm{Log}(1+g_k)$ (Grenzfunktion). Dabei ist h wegen (2.11) und (2.12) beschränkt. Da dann

$$\prod_{k=m}^{n}(1 + g_k) = e^{\sum_{k=m}^{n} \mathrm{Log}(1+g_k)} = e^{h_n}$$

gilt, folgt mit der Bemerkung unter 2.2.2, dass $\prod_{k=1}^{\infty}(1 + g_k)$ gleichmäßig auf X gegen e^h konvergiert. $\qquad \square$

2.2.3 Definition: kompakte Konvergenz

Die bereits erwähnte wichtige kompakte Konvergenz eines Produktes ermöglicht es uns bedeutende Eigenschaften eines unendlichen Produktes herauszuarbeiten (siehe die hier vorliegende Bemerkung und die folgenden Abschnitte 2.2.4 und 2.2.5). Sie wird uns im restlichen Verlauf dieser Arbeit begleiten.

Gegeben seien ein Gebiet U in $\mathbb{C}$ und eine Folge $(f_k)_k$ von holomorphen Funktionen auf U. Das Produkt (2.7) ist auf U *kompakt konvergent*, wenn für jedes kompakte Teilgebiet $K \neq \emptyset$ in U das Produkt der Einschränkungen $f_k|K$ auf K gleichmäßig konvergent ist (vgl. Definition 2.2.1 mit $X = K$).

Auch hier ist dann (2.8) für jedes $z \in U$ konvergent und wir bezeichnen dessen Wert jeweils mit $f(z)$. Somit erhalten wir wiederum eine Grenzfunktion $f : U \to \mathbb{C}$ mit

$$f = \prod_{k=1}^{\infty} f_k.$$

Bemerkung: Nach dem *Weierstraßschen Konvergenzsatz* über Funktionenfolgen gilt für f_k holomorph auf U für alle k:

$$\prod_{k=1}^{\infty} f_k \xrightarrow{\text{kompakt}} f \implies f \text{ holomorph auf } U.$$

Vgl. [Lorenz 1997, Kap. VII, 7.1.4] für den Beweis.

2.2.4 Eigenschaften unendlicher Funktionenprodukte

Das Produkt (2.7) sei auf dem Gebiet U kompakt konvergent, dann gelten folgende Eigenschaften:

(i) Für jedes $a \in U$ gilt $\text{ord}_a(f_k) = 0$ für fast alle k (außer für die k, wo a als Nullstelle von f_k auftaucht, dort gilt $f_k(a) = 0$). Für die Nullstellenordnung $\text{ord}_a(f)$ gilt dann:

$$\text{ord}_a(f) = \sum_{k=1}^{\infty} \text{ord}_a(f_k). \tag{2.13}$$

(ii) Wenn (2.7) kompakt konvergent ist, dann ist auch das Produkt der Funktionenfolge $(f_k)_{k \geq n}$ für jedes $n \in \mathbb{N}$ kompakt konvergent und stellt somit eine auf U holomorphe Funktion

$$\hat{f}_n = \prod_{k=n}^{\infty} f_k \tag{2.14}$$

16

dar. Die Folge $(\hat{f}_n)_n$ konvergiert dann in U kompakt gegen 1.

(iii) Ist in (2.7) jedes $f_k \neq 0$ und somit auch $f \neq 0$, so gilt auf $U \setminus N_f$, wobei N_f die Nullstellenmenge von f darstellt:

$$\frac{f'}{f} = \sum_{k=1}^{\infty} \frac{f_k'}{f_k}. \tag{2.15}$$

Diese Reihe ist in $U \setminus N_f$ kompakt konvergent.

Beweis. (i) Sei $a \in U$ beliebig. Wegen der Konvergenz von $\prod_{k=1}^{\infty} f_k(a)$ gibt es ein $m \in \mathbb{N}$ mit $f_k(a) \neq 0 \; \forall \; k \geq m$ (vgl. 2.1.1). Somit ist auch $\hat{f}_m(a) \neq 0$ (siehe (2.14) mit $n = m$). Durch die Anwendung von ord_a (vgl. 1.1.6) auf die Zerlegung

$$f = f_1 \cdot f_2 \cdot \ldots \cdot f_{m-1} \cdot \hat{f}_m \tag{2.16}$$

folgt die Behauptung.

(ii) Wie bei (i) bereits erwähnt, gibt es aufgrund der Konvergenz des unendlichen Produktes ein $m \in \mathbb{N}$ mit $\hat{f}_m \neq 0$. Sei M die Nullstellenmenge von $\hat{f}_m$. Diese Menge ist dann wegen des *Identitätssatzes* (vgl. [Lorenz 1997, Kap. II., 2.1.18]) diskret und abgeschlossen in U. Auf $U \setminus M$ sind alle f_k mit $k \geq m$ nullstellenfrei und somit ist für jedes $n > m$

$$\hat{f}_n = \frac{\hat{f}_m}{f_m \cdot f_{m+1} \cdot \ldots \cdot f_{n-1}} \text{ auf } U \setminus M.$$

Die Folge $(f_m \cdot f_{m+1} \cdot \ldots \cdot f_{n-1})$ konvergiert bekanntermaßen kompakt in U gegen $\hat{f}_m$. Damit folgt nun für $(\hat{f}_n)_n$ die kompakte Konvergenz in $U \setminus M$ gegen 1:

$$\lim_{n \to \infty} \hat{f}_n = \lim_{n \to \infty} \frac{\hat{f}_m}{f_m \cdot f_{m+1} \cdot \ldots \cdot f_{n-1}} = \frac{\hat{f}_m}{\hat{f}_m} = 1.$$

Da die Nullstellenmenge M diskret und abgeschlossen in U ist und somit keinen Häufungspunkt in U besitzt, konvergiert die Folge $(\hat{f}_n)_n$ auch in U kompakt gegen 1 (vgl. dazu [Lorenz 1997, Kap. VII, 7.1.10]).

(iii) Sei $m \in \mathbb{N}$ beliebig. Mit Hilfe von (2.16) erhält man durch logarithmisches Ableiten Folgendes:

$$\frac{f'}{f} = \frac{(f_1 \cdot f_2 \cdot \ldots \cdot \hat{f}_m)'}{f_1 \cdot f_2 \cdot \ldots \cdot \hat{f}_m} \overset{\text{Produktregel}}{=} \sum_{k=1}^{m-1} \frac{f_k'}{f_k} + \frac{\hat{f}_m{}'}{\hat{f}_m}.$$

Wegen (ii) konvergiert $(\hat{f}_m)_m$ kompakt in U gegen 1. Die Folge der Ableitungen $(\hat{f_m}')_m$ konvergiert dann in U kompakt gegen 0. Das heißt, es folgt unsere Behauptung:

$$\frac{f'}{f} = \sum_{k=1}^{\infty} \frac{f_k'}{f_k}.$$

$\square$

2.2.5 Satz: kompakte Konvergenz

Sei U ein Gebiet in $\mathbb{C}$ und $(f_k)_k$ eine Folge von holomorphen Funktionen U. Wir setzen voraus, dass

$$\sum_{k=1}^{\infty} |1 - f_k|$$

kompakt in U konvergiert. Dann ist das unendliche Produkt

$$\prod_{k=1}^{\infty} f_k$$

auch in U kompakt konvergent und stellt somit eine holomorphe Funktion f auf U dar. Des Weiteren ist das unendliche Produkt hier auch absolut konvergent und somit auch das Produkt der $f_k(z)$ für jedes feste $z \in U$. Die Grenzfunktion f ist folglich nicht abhängig von der Reihenfolge der Faktoren im unendlichen Produkt.

Beweis. Sei eine beliebige kompakte Teilmenge $K \neq \emptyset$ im Gebiet U gegeben. Wir müssen nun zeigen, dass das Produkt

$$\prod_{k=1}^{\infty} f_k | K$$

der Einschränkungen $f_k | K$ gleichmäßig auf K konvergiert. Aufgrund der hier vorliegenden Voraussetzungen folgt diese gleichmäßige Konvergenz aus 2.2.2 mit $X = K$ und $g_k = 1 - f_k$ für alle k.

Der Rest der Behauptung folgt mit Abschnitt 2.1.5. $\square$

Kapitel 3

Der Weierstraßsche Produktsatz

Wir kommen nun zum Hauptteil dieser Arbeit. Karl Weierstraß, der seinen Produktsatz 1876 entwickelte, hatte das Ziel, einen 'allgemeinen Ausdruck' für alle Funktionen, die bis auf endlich viele Punkte in $\mathbb{C}$ meromorph sind, zu finden (vgl. [Remmert 2007, Kap. 3, S.81f]). Er entwickelte 1876 dann seine Produkttheorie und konnte den Weierstraßschen Produktsatz beweisen.

Wir wollen uns diesem Satz nähern, indem wir zunächst die Problemstellung des Produktsatzes formulieren. Mit Hilfe von ebendiesem und von bestimmten Faktoren erhalten wir dann ein unendliches Produkt, das eine ganze Funktion darstellt, welche unendlich viele vorgegebene Nullstellen besitzt. Danach behandeln wir gerade die Perspektive auf den Satz, mit der Weierstraß im 19. Jahrhundert seinen 'allgemeinen Ausdruck' fand.

3.1 Problemstellung

Gegeben sei eine Nullstellenmenge $N_f := \{a_1, a_2, a_3, \ldots\}$ mit $a_k \in \mathbb{C} \ \forall \ k$ und die dazugehörige Menge der jeweiligen Nullstellenordnungen
$O_f := \{n_1, n_2, n_3, \ldots\}$ mit $n_k \in \mathbb{N}$ und $n_k = \text{ord}_{a_k}(f) \ \forall \ k$. Wir suchen nun eine ganze Funktion f (vgl. 1.1.3), die genau an den Stellen a_k eine Nullstelle der Ordnung n_k hat.

Beispiel: Sei die Nullstellenmenge $N_f = \{a_v\} = \mathbb{Z}$ mit $n_v = 1 \ \forall \ v \in \mathbb{Z}$ gegeben. Dann ist $f(z) = \sin(\pi z)$ eine Lösung. $f(z)$ hat dann genau an den Stellen $z = v \in \mathbb{Z}$ eine Nullstelle der Ordnung 1.

3.1.1 Endliche Nullstellenmenge

Hat man eine endliche Nullstellenmenge, also $\#N_f = \#\{a_1, a_2, \ldots a_m\}, m < \infty$, dann sind bereits die Polynome

$$f(z) = \prod_{k \in N_f} (z - a_k)^{n_k} \quad \text{oder}$$

$$f(z) = z^{n_0} \prod_{k \in N_f \setminus \{0\}} \left(1 - \frac{z}{a_k}\right)^{n_k}$$

Lösungen des Problems, wobei der Vorfaktor z^{n_0} mit $n_0 = \mathrm{ord}_0(f)$ nur auftritt, falls $0 \in N_f$.

3.1.2 Unendliche Nullstellenmenge

Betrachten wir nun den Fall einer nicht endlichen Nullstellenmenge N_f. Die Menge N_f ist dann abzählbar und besitzt in $\mathbb{C}$ keinen Häufungspunkt. Sie muss daher in $\hat{\mathbb{C}} = \mathbb{C} \cup \{\infty\}$ bei ∞ einen Häufungspunkt besitzen, da sie ansonsten beschränkt wäre und somit doch wieder einen Häufungspunkt in $\mathbb{C}$ besitzen würde. Für die Nullstellenfolge $(a_k)_k$ gilt also

$$\lim_{k \to \infty} a_k = \infty. \tag{3.1}$$

Wir suchen nun ein unendliches Produkt von einer Funktionenfolge $(f_k)_k$ mit $f_k : X \to \mathbb{C}$, $\emptyset \neq X \subseteq \mathbb{C}$ und f_k holomorph $\forall\, k \in \mathbb{N}$, das kompakt gegen eine Grenzfunktion $f : X \to \mathbb{C}$ konvergiert. In diesem Fall ist f nämlich ebenfalls holomorph (siehe Bemerkung unter 2.2.3). Im Fall von

$$f_k : X \to \mathbb{C} \text{ mit } f_k(z) = \left(1 - \frac{z}{a_k}\right)^{n_k}$$

stellt sich das Problem, dass das unendliche Produkt

$$\prod_{k=1}^{\infty} \left(1 - \frac{z}{a_k}\right)^{n_k} \tag{3.2}$$

im Allgemeinen nicht einmal gewöhnlich konvergiert. Zwar konvergiert die Folge seiner Faktoren bei festem $z \in \mathbb{C}$ aufgrund von (3.1) gegen 1, aber dies allein reicht zur Sicherung seiner Konvergenz nicht aus (vgl. Beispiel 2.1.6).

3.2 Konvergenzerzeugende Faktoren: Weierstraßfaktoren

Da wir eine ganze Funktion f mit einer unendlichen Nullstellenmenge N_f suchen, müssen wir nun Faktoren finden, die unser Produkt (3.2) in ein konvergentes Produkt verwandeln, aber das Nullstellenverhalten nicht ändern.

Weierstraß fand ebensolche *konvergenzerzeugende Faktoren*. Er schuf damit im 19. Jahrhundert etwas für die damalige Zeit völlig Neues (vgl. [Remmert 2007, Kap.3, S.82]). Diese Faktoren, die wir im Folgenden erläutern, hatten nämlich keinen Einfluss auf das Nullstellenverhalten unseres Produktes (3.2).

3.2.1 Definition: Weierstraßfaktoren

Wir definieren zunächst das *n-te Weierstraß-Polynom* $L_n(z)$ für jedes $z \in \mathbb{C}, n \in \mathbb{N}$ wie folgt:

$$L_n(z) := \sum_{k=1}^{n} \frac{z^k}{k} = \frac{z}{1} + \frac{z^2}{2} + \ldots + \frac{z^n}{n}. \qquad (3.3)$$

Hier ist zu bemerken, dass $L_n(z)$ das n-te Taylorpolynom der Entwicklung von $-log(1-z)$ im Entwicklungspunkt 0 ist.

Außerdem setzen wir

$$E_n(z) := (1-z) \cdot e^{L_n(z)} \text{ mit } L_n(z) \text{ aus (3.3).}$$

Diese E_n sind auf ganz $\mathbb{C}$ holomorphe Funktionen. Es ist dann für beliebiges $a \in \mathbb{C} \setminus \{0\}$

$$E_n\left(\frac{z}{a}\right) = \left(1 - \frac{z}{a}\right) \cdot e^{\frac{z}{a} + \frac{1}{2}\left(\frac{z}{a}\right)^2 + \ldots + \frac{1}{n}\left(\frac{z}{a}\right)^n} \qquad (3.4)$$

und diese Funktionen sind ganz in z. Außerdem besitzen sie für $z = a$ eine Nullstelle der Ordnung 1.

Für jedes $n \in \mathbb{N}$ und für jedes beliebige $a \in \mathbb{C} \setminus \{0\}$ nennen wir diese ganzen Funktionen der Gestalt (3.4) *Weierstraßfaktoren*.

3.2.2 Abschätzung der Weierstraßfaktoren

Für die soeben eingeführten Weierstraßfaktoren gilt folgende Abschätzung:

$$|1 - E_n(z)| \leq |z|^{n+1} \text{ für } |z| \leq 1. \qquad (3.5)$$

Beweis. Sei $n = 0$, dann ist $E_0(z) = 1 - z$ und $|1 - E_0(z)| = |1 - (1 - z)| = |z| \leq |z|^1 = |z|^{0+1}$.

Sei somit nun $n \geq 1$. Die Ableitungen von $E_n(z)$ und $L_n(z)$ lauten

$$E_n'(z) = -e^{L_n(z)} + (1 - z) \cdot L_n'(z) \cdot e^{L_n(z)} \text{ und} \tag{3.6}$$
$$L_n'(z) = 1 + z + \ldots + z^{n-1}.$$

Es ist dann $(1 - z) \cdot L_n'(z) = (1 - z) \cdot (1 + z + \ldots + z^{n-1}) = 1 - z^n$, woraus wiederum folgt

$$E_n'(z) = -e^{L_n(z)} + (1 - z^n) \cdot e^{L_n(z)} = -z^n \cdot e^{L_n(z)}.$$

Man kann hier $e^{L_n(z)}$ auch in der Gestalt einer Reihenentwicklung im Nullpunkt als $\sum_{k=0}^{\infty} b_k z^k$ mit reellen Koeffizienten $b_k \geq 0 \ \forall \ k$ darstellen (denn auch alle Koeffizienten der Exponentialreihe und von $L_n(z)$ sind positiv). Für die ganze Funktion $(1 - E_n(z))'$ gilt dann

$$(1 - E_n(z))' = -E_n(z)' = z^n \cdot e^{L_n(z)} = \sum_{k=n}^{\infty} b_k z^k.$$

Aufgrund von $E_n(0) = 1$ ist dann (mit gliedweisem Integrieren):

$$1 - E_n(z) = E_n(0) - E_n(z) = \sum_{k=n}^{\infty} \frac{b_k}{k+1} z^{k+1} = z^{n+1} \sum_{j=0}^{\infty} a_j z^j$$

mit $a_j \geq 0 \ \forall \ j$. Daraus erhält man dann für alle $|z| \leq 1$

$$|1 - E_n(z)| \leq |z|^{n+1} \sum_{j=0}^{\infty} a_j = |z|^{n+1} (1 - E_n(1))$$

und da $E_n(1) = 0$ gilt, folgt die Behauptung (3.5). □

3.3 Der Weierstraßsche Produktsatz über $\mathbb{C}$

Mit Hilfe der gefundenen Weierstraßfaktoren $E_n(\frac{z}{a})$ konnte Weierstraß im Jahre 1876 dann folgenden, für die Funktionentheorie sehr wichtigen, Satz beweisen (vgl. [Remmert 2007, Kap.3, S. 81]):

22

3.3.1 Satz: Weierstraßscher Produktsatz über $\mathbb{C}$

Sei eine Folge $(a_k)_k$ mit $a_k \in \mathbb{C} \ \forall \ k$ und mit

$$\lim_{k \to \infty} a_k = \infty \qquad (3.7)$$

gegeben. Weiterhin sei $(m_k)_k$ eine beliebige Folge natürlicher Zahlen mit

$$\sum_{k=1}^{\infty} \left(\frac{R}{|a_k|} \right)^{m_k+1} \quad \text{konvergent für jedes } R > 0. \qquad (3.8)$$

Dann haben wir durch Produktbildung der entsprechenden *Weierstraßfaktoren* (vgl. 3.2.1) mit der Funktion

$$f(z) = z^{n_0} \prod_{k=1}^{\infty} E_{m_k} \left(\frac{z}{a_k} \right) \qquad (3.9)$$

eine ganze Funktion f, dessen Nullstellen gerade bei den Punkten a_k der vorgegebenen Zahlenfolge liegen. $n_0 = \text{ord}_0(f)$ stellt hier die Nullstellenordnung im Nullpunkt dar und kommt die Nullstelle a_k genau n_k-mal in der Zahlenfolge $(a_k)_k$ vor, so kommt dann der Faktor $E_{m_k} \left(\frac{z}{a_k} \right)$ genau n_k-mal in dem unendlichen Produkt vor. Es ist also $n_k = \text{ord}_{a_k}(f)$. (Es ist trivial, dass die Faktoren $E_{m_k} \left(\frac{z}{a_k} \right)$ die Nullstellenordnung 1 haben, da $E_{m_k} \left(\frac{z}{a_k} \right) = \left(1 - \frac{z}{a_k} \right) e^{L_{m_k} \left(\frac{z}{a_k} \right)}$.)

Bemerkung: (1) Es existiert immer eine Folge $(m_k)_k$ in $\mathbb{N}$, die die Bedingung (3.8) erfüllt. Beispielsweise die Folge $(m_k)_k$ mit $m_k = k - 1$.

(2) Jedoch ist oft, abhängig von der gegebenen Zahlenfolge $(a_k)_k$, eine bessere Wahl für $(m_k)_k$ möglich. Gibt es nämlich eine Zahl $h \geq 0$, sodass

$$\sum_{k=1}^{\infty} \left(\frac{1}{a_k} \right)^{h+1} \quad \text{konvergent ist,}$$

kann man die Folge $(m_k)_k$ als konstante Folge $m_k = h$ wählen und sie erfüllt damit die Bedingung (3.8).

Beweis. (1): Sei $m_k = k - 1 \ \forall \ k$ und $R > 0$ beliebig. Aufgrund von (3.7) gilt: $|a_k| \geq 2R$ und somit $\frac{R}{|a_k|} \leq \frac{R}{2R} = \frac{1}{2}$ für fast alle k. Es folgt also, dass

$$\sum_{k=1}^{\infty} \left(\frac{R}{|a_k|} \right)^{m_k+1} = \sum_{k=1}^{\infty} \left(\frac{R}{|a_k|} \right)^{k}$$

nach dem Majorantenkriterium konvergiert, da die geometrische Reihe $\sum_{k=1}^{\infty} \left(\frac{1}{2}\right)^k$ bekanntermaßen konvergiert.

(2): Sei $m_k = h \ \forall \ k$ und $\sum_{k=1}^{\infty} \left(\frac{1}{a_k}\right)^{h+1}$ konvergent. Dann ist

$$\sum_{k=1}^{\infty} \left(\frac{R}{|a_k|}\right)^{m_k+1} = \sum_{k=1}^{\infty} \underbrace{\left(\frac{1}{a_k^{h+1}}\right)}_{\text{konvergent nach Vor.}} \underbrace{R^{h+1}}_{\text{konstant}} \Longrightarrow \sum_{k=1}^{\infty} \left(\frac{R}{|a_k|}\right)^{m_k+1} \quad \text{konvergent.}$$

Demnach lautet (3.9) dann

$$f(z) = z^{n_0} \prod_{k=1}^{\infty} E_h \left(\frac{z}{a_k}\right).$$

$\square$

Beweis des Weierstraßschen Produktsatzes. Es bleibt für diesen Satz noch zu zeigen, dass unsere Lösungsfunktion (3.9) kompakt konvergent ist, da sie dann auch holomorph ist (siehe Bemerkung unter 2.2.3).

Sei $R > 0$. Aufgrund von (3.7) gilt $|a_k| \geq R$ für fast alle k. Für $|z| \leq R$ ist dann

$$\left|\frac{z}{a_k}\right| \leq \frac{|z|}{R} \leq \frac{R}{R} = 1.$$

Nach 3.2.2 gilt dann folgende Abschätzung:

$$\left|E_{m_k}\left(\frac{z}{a_k}\right) - 1\right| \leq \left|\frac{z}{a_k}\right|^{m_k+1} \leq \left(\frac{R}{|a_k|}\right)^{m_k+1}. \tag{3.10}$$

Da laut Voraussetzung $\sum_{k=1}^{\infty} \left(\frac{R}{|a_k|}\right)^{m_k+1}$ konvergiert, ist für $|z| \leq R$ (nach dem Weierstraßschen Majorantenkriterium über die Konvergenz von Funktionenreihen, vgl. dazu [Lorenz 1997, Kap. VII, 7.1.10]) die Reihe

$$\sum_{k=1}^{\infty} \left|E_{m_k}\left(\frac{z}{a_k}\right) - 1\right|$$

absolut und gleichmäßig konvergent. Dies gilt allerdings laut Voraussetzung für beliebiges $R > 0$. Laut 2.2.5 ist unser unendliches Funktionenprodukt von (3.9) dann auch kompakt konvergent und stellt somit eine ganze Funktion f dar. Aufgrund der absoluten Konvergenz, die wir hier zeigen konnten, ist unsere Grenzfunktion f von der Reihenfolge der Faktoren des unendlichen

Produktes unabhängig.

Im Hinblick auf das behauptete Nullstellenverhalten von (3.9) gilt nach (2.13) für jedes $a \in \mathbb{C}$

$$\text{ord}_a(f) = \sum_{k=1}^{\infty} \text{ord}_a \left(E_{m_k} \left(\frac{z}{a_k} \right) \right) = \text{Anzahl der k mit } a_k = a,$$

denn $(a_k)_k$ in $\mathbb{C}$ war die vorgegebene Nullstellenfolge. $\qquad\square$

3.3.2 Definition: Charakteristik einer Folge

Die Charakteristik einer Folge wird uns den Umgang mit dem Weierstraß-schen Produktsatz erleichtern. Sie ist nämlich gerade das kleinste h in der Bemerkung unter 3.3.1.

Sei eine Zahlenfolge $(a_k)_k$ in $\mathbb{C} \setminus \{0\}$ mit $\lim_{k \to \infty} a_k = \infty$ gegeben. Gibt es nun ein $h \in \mathbb{N}$, sodass

$$\sum_{k=1}^{\infty} \frac{1}{|a_k|^{h+1}} \text{ konvergiert,}$$

dann definieren wir mit c als kleinstes solches h die *Charakteristik* der Folge $(a_k)_k$. Gibt es kein $h \in \mathbb{N}$, sodass die obige Summe konvergiert, so setzen wir $c = \infty$.

3.3.3 Definition: Kanonisches Weierstraßprodukt

Wir nehmen wieder die Zahlenfolge $(a_k)_k$ in $\mathbb{C} \setminus \{0\}$ mit $\lim_{k \to \infty} a_k = \infty$. Hat diese Folge dann die Charakteristik $c < \infty$, so erhält man durch den Weierstraßschen Produktsatz mit

$$f(z) = \prod_{k=1}^{\infty} E_c \left(\frac{z}{a_k} \right)$$

eine ganze Funktion, die das im Produktsatz beschriebene Nullstellenverhalten besitzt. In diesem Fall nennen wir diese Funktion das *kanonische Weierstraßprodukt*.

Eine einfache Gestalt nimmt das kanonische Produkt für die Charakteristik $c = 0$ an:

$$f(z) = \prod_{k=1}^{\infty} \left(1 - \frac{z}{a_k} \right).$$

25

3.3.4 Produktentwicklung einer ganzen Funktion

Man kann den Produktsatz von Weierstraß auch aus einer anderen Perspektive betrachten. Wir suchen nun kein konvergentes unendliches Produkt zu vorgegebenen Nullstellen, sondern wollen eine gegebene ganze Funktion in ein konvergentes unendliches Produkt umwandeln.

Sei eine ganze Funktion $f \neq 0$ gegeben. Dabei seien $a_k \in \mathbb{C} \setminus \{0\}$ die von Null verschiedenen Nullstellen mit Vielfachheit dieser ganzen Funktion. In 0 habe f die Nullstellenordnung ord_0. Es gibt dann eine Folge $(m_k)_k$ in $\mathbb{N}$ und eine ganze Funktion g, sodass f die Gestalt

$$f(z) = e^{g(z)} z^{\mathrm{ord}_0} \prod_{k=1}^{\infty} E_{m_k} \left(\frac{z}{a_k} \right) \tag{3.11}$$

mit $n_0 = \mathrm{ord}_0(f)$ besitzt. Dabei konvergiert das unendliche Produkt der Weierstraßfaktoren kompakt und absolut.

Die Folge $(m_k)_k$ kann stets als $m_k = k - 1 \ \forall \ k$ gewählt werden. Gilt $c < \infty$ für die Charakteristik c der Folge $(a_k)_k$, so können wir $m_k = c \ \forall \ k$ setzen und wir bekommen eine einfachere Darstellung von f:

$$f(z) = e^{g(z)} z^{n_0} \prod_{k=1}^{\infty} E_c \left(\frac{z}{a_k} \right)$$

Beweis. mit $n_0 = \mathrm{ord}_0(f)$. Für die Folge $(a_k)_k$ der Nullstellen $\neq 0$ der gegebenen Funktion f gilt ohne Einschränkung $\lim_{k \to \infty} a_k = \infty$. Die Voraussetzung (3.7) des Satzes 3.3.1 ist somit hier erfüllt. Wir erhalten dann nach ebendiesem Satz eine ganze Funktion f_1 der Form

$$f_1 = z^{n_0} \prod_{k=1}^{\infty} E_{m_k} \left(\frac{z}{a_k} \right) \tag{3.12}$$

mit folgender Eigenschaft:

$$\mathrm{ord}_a(f_1) = \mathrm{ord}_a(f) \ \forall \ a \in \mathbb{C}.$$

Da f und f_1 nun ganze Funktionen darstellen, ist f/f_1 eine meromorphe Funktion (vgl. [Lorenz 1997, Kap. V, 5.1.8]). Diese ist nullstellenfrei (alle Nullstellen von f sind in f_1 enthalten), also ist $\mathrm{ord}_a(f/f_1) = 0 \ \forall \ a \in \mathbb{C}$. Daraus folgt, dass $f/f_1 \in \mathcal{O}(\mathbb{C})^{\times}$ (vgl. [Lorenz 1997, Kap. V, 5.1.7]), wobei

$\mathcal{O}(\mathbb{C})^\times$ die Einheitengruppe von $\mathcal{O}(\mathbb{C})$ ist. Sie ist somit eine ganze Funktion. Folglich gibt es ein $g \in \mathcal{O}(\mathbb{C})$ mit

$$e^g = \frac{f}{f_1}, \text{ also } f = e^g \cdot f_1.$$

Da f_1 die Gestalt (3.12) hat, folgt für f die Darstellung (3.11).

Die Behauptungen über die absolute und kompakte Konvergenz des Produktes der Weierstraßfaktoren, über die Wahl der Folge $(m_k)_k$ und über den Fall der Charakteristik $c < \infty$ gehen aus dem Satz 3.3.1 hervor (vgl. zur letzten Bedingung auch das kanonische Weierstraßprodukt in 3.3.3). $\qquad\square$

3.3.5   Beispiel: Produktentwicklung der Sinusfunktion

Wir wollen den Weierstraßschen Produktsatz nun auf die Sinusfunktion anwenden. Sie soll durch ein konvergentes unendliches Produkt dargestellt werden.

Die Funktion $f(z) = \sin(\pi z)$ ist eine ganze Funktion, da sie auf ganz $\mathbb{C}$ definiert und sich bekannterweise in jedem $z \in \mathbb{C}$ in eine Potenzreihe entwickeln lässt, also analytisch ist. Die Funktion besitzt einfache Nullstellen in $\mathbb{Z}$. Sie hat somit die Nullstellenfolge $(a_k)_k$ mit

$$a_0 = 0, a_1 = 1, a_2 = -1, a_3 = 2, a_4 = -2, \ldots.$$

Wir wollen nun die Sinusfunktion mit Hilfe des Produktsatzes als ein Produkt darstellen. Dafür untersuchen wir zunächst die Charakteristik der Nullstellenfolge (vgl. 3.3.2). Sie kann nicht die Charakteristik $c = 0$ haben, da

$$\sum_{k=1}^{\infty} \frac{1}{|a_k|} = 2 \cdot \sum_{n=1}^{\infty} \frac{1}{n}$$

divergent ist (harmonische Reihe). Sie hat somit die Charakteristik $c = 1 < \infty$, da

$$\sum_{k=1}^{\infty} \frac{1}{|a_k|^2} = 2 \cdot \sum_{n=1}^{\infty} \frac{1}{n^2}$$

konvergent ist (Cauchysches Verdichtungskriterium). Nach 3.3.4 existiert nun eine ganze Funktion g, sodass f folgende Gestalt hat:

$$f(z) = \sin(\pi z) = e^{g(z)} z^{n_0} \prod_{k=1}^{\infty} E_c\left(\frac{z}{a_k}\right)$$

$$\overset{n_0=1,\ c=1}{=} e^{g(z)} z \prod_{k=1}^{\infty} E_1\left(\frac{z}{a_k}\right)$$

$$= e^{g(z)} z \prod_{k=1}^{\infty} \left(1 - \frac{z}{a_k}\right) e^{\frac{z}{a_k}}$$

$$\overset{\{a_k\}=\mathbb{Z}}{=} e^{g(z)} z \prod_{k=1}^{\infty} \left(1 - \frac{z}{k}\right) e^{\frac{z}{k}} \cdot \prod_{k=1}^{\infty} \left(1 - \frac{z}{(-k)}\right) e^{\frac{z}{(-k)}}$$

$$= e^{g(z)} z \prod_{k=1}^{\infty} \left(1 - \frac{z^2}{k^2}\right).$$

Über die Funktion g macht der Weierstraßsche Produktsatz keine näheren Angaben. Dafür sind weitere Überlegungen erforderlich. In diesem Beispiel jedoch können wir die Funktion g auf eine andere Art ermitteln. Wir bilden dazu die logarithmische Ableitung $\frac{h'(z)}{h(z)}$ von $h(z) = z \cdot \prod_{k=1}^{\infty} \left(1 - \frac{z^2}{k^2}\right)$ (vgl. Definition 1.1.11):

$$\frac{h'(z)}{h(z)} = \frac{\left(z \cdot \prod_{k=1}^{\infty} \left(1 - \frac{z^2}{k^2}\right)\right)'}{z \cdot \prod_{k=1}^{\infty} \left(1 - \frac{z^2}{k^2}\right)}$$

$$\overset{\text{Produktregel}}{=} \frac{z \cdot \left(\prod_{k=1}^{\infty} \left(1 - \frac{z^2}{k^2}\right)\right)' + 1 \cdot \prod_{k=1}^{\infty} \left(1 - \frac{z^2}{k^2}\right)}{z \cdot \prod_{k=1}^{\infty} \left(1 - \frac{z^2}{k^2}\right)}$$

$$= \frac{1}{z} + \frac{\left(\prod_{k=1}^{\infty} \left(1 - \frac{z^2}{k^2}\right)\right)'}{\prod_{k=1}^{\infty} \left(1 - \frac{z^2}{k^2}\right)}$$

$$\overset{(2.15)}{=} \frac{1}{z} + \sum_{k=1}^{\infty} \frac{\left(1 - \frac{z^2}{k^2}\right)'}{\left(1 - \frac{z^2}{k^2}\right)}$$

$$= \frac{1}{z} + \sum_{k=1}^{\infty} \frac{-\frac{2z}{k^2}}{\left(1 - \frac{z^2}{k^2}\right)}$$

$$= \frac{1}{z} + \sum_{k=1}^{\infty} \frac{2z}{z^2 - k^2}. \tag{3.13}$$

Die Reihe in (3.13) ist laut 2.2.4, (iii) ebenfalls in $\mathbb{C} \setminus \mathbb{Z}$ kompakt konvergent, da die Nullstellenmenge N_f der Sinusfunktion gleich $\mathbb{Z}$ ist.

Die rechte Seite der Gleichung (3.13) stellt außerdem die meromorphe Funktion $\pi \mathrm{ctg}(\pi z)$, also die kanonische Partialbruchzerlegung des Cotangens, dar (vgl. [Lorenz 1997, Kap. XI, 11.2.7]). Betrachten wir nun die ganze und nullstellenfreie Funktion $k(z) = e^{g(z)} = \frac{\sin(\pi z)}{h(z)}$, so folgt für ihre logarithmische Ableitung:

$$
\begin{aligned}
g'(z) = \frac{k'(z)}{k(z)} &= \left(\frac{\sin(\pi z)}{h(z)} \right)' \cdot \frac{h(z)}{\sin(\pi z)} \\
&= \frac{(\sin(\pi z))' \cdot h(z) - \sin(\pi z) \cdot h'(z)}{h(z)^2} \cdot \frac{h(z)}{\sin(\pi z)} \\
&= \frac{(\sin(\pi z))'}{\sin(\pi z)} - \frac{h'(z)}{h(z)} \\
&= \pi \mathrm{ctg}(\pi z) - \frac{h'(z)}{h(z)} = 0.
\end{aligned}
$$

Somit ist die Funktion $g(z)$ genauso wie die Funktion $k(z) = e^{g(z)}$ konstant. Es gibt also ein $c \in \mathbb{R}$ mit $e^{g(z)} = \frac{\sin(\pi z)}{h(z)} = c$, was für $z \neq 0$ äquivalent zu $\frac{\sin(\pi z)}{z} = c \cdot \frac{h(z)}{z}$ ist. Für $z \to 0$ folgt:

$$
\lim_{z \to 0} \left(\frac{\sin(\pi z)}{z} \right) = \lim_{z \to 0} \left(c \cdot \frac{h(z)}{z} \right)
$$

$$
\overset{\text{L'Hospital}}{\Longleftrightarrow} \quad \lim_{z \to 0} (\pi \cos(\pi z)) = c \cdot \lim_{z \to 0} \prod_{k=1}^{\infty} \left(1 - \frac{z^2}{k^2} \right)
$$

$$
\Longleftrightarrow \pi = c \cdot 1 = c.
$$

Wir haben somit die komplette Produktentwicklung für $f(z) = \sin(\pi z)$ gefunden:

$$
\sin(\pi z) = \pi \cdot z \cdot \prod_{k=1}^{\infty} \left(1 - \frac{z^2}{k^2} \right).
$$

Kapitel 4

Die Weierstraßsche σ- Funktion

In diesem Kapitel wollen wir den Weierstraßschen Produktsatz auf spezielle Mengen in $\mathbb{C}$, nämlich die Gitter, anwenden. Zur Einführung werden wir dafür die diskreten Untergruppen von $\mathbb{R}^2 = \mathbb{C}$ und das Gitter näher betrachten. Danach werden wir die sogenannte Weierstraßsche σ- Funktion (zu einem Gitter Ω) mit Hilfe von 3.3.1 bzw. 3.3.3 herleiten.

Als weiterer Ausblick wollen wir danach noch andere (Weierstraßsche) Funktionen betrachten, die wir aus der σ-Funktion entwickeln können. Jede für sich besitzt dann noch einmal besondere Eigenschaften.

4.1 Das Gitter und die Weierstraßsche σ-Funktion

Bevor wir die Weierstraßsche σ-Funktion herleiten, benötigen wir zunächst einige grundlegende Definitionen und Feststellungen zur Einführung des Gitters.

4.1.1 Definition: Diskrete Teilmenge von $\mathbb{R}^2$

Eine Menge $M \subset \mathbb{R}^2$ bezeichnen wir als *diskrete Teilmenge von $\mathbb{R}^2$*, wenn für alle $x \in M$ eine offene Umgebung in $\mathbb{R}^2$ existiert, die außer dem Element x kein weiteres Element enthält.

4.1.2 Satz: diskrete Untergruppen von $\mathbb{C} = \mathbb{R}^2$

Die Menge M sei eine diskrete Untergruppe von $\mathbb{C} = \mathbb{R}^2$. M ist dann abgeschlossen und es sind nur die folgenden drei Fälle,die sich gegenseitig ausschließen, für M möglich:

(i) $M = \{0\}$

(ii) $M = \mathbb{Z}w_1$ mit einem $w_1 \neq 0$

(iii) $M = \mathbb{Z}w_1 + \mathbb{Z}w_2$ mit w_1, w_2 linear unabhängig über $\mathbb{R}$.

Als Umkehrung gilt: Hat eine Teilmenge M von $\mathbb{C}$ die Gestalt (i),(ii) oder (iii), so ist M eine diskrete Untergruppe von $\mathbb{C} = \mathbb{R}^2$. Wir nennen M *vom Rang 0,1 oder 2*, je nachdem, ob M die Gestalt (i),(ii) oder (iii) hat.

Zum Beweis vgl. [Lorenz 1997, Kap. XIII, 13.1.4].

Bemerkung: Im Fall, dass M die Gestalt (iii) hat, ist das Paar w_1, w_2 eine sogenannte $\mathbb{Z}$-*Basis von M*. Da M als diskrete Untergruppe von $\mathbb{C}$ vorausgesetzt wurde, gilt:

(w_1, w_2) beliebige $\mathbb{Z}$-Basis von $M \implies w_1, w_2$ linear unabhängig über $\mathbb{R}$,

d.h. w_1, w_2 ist immer auch eine $\mathbb{R}$-Basis von $\mathbb{C} = \mathbb{R}^2$ (vgl. dazu [Lorenz 1997, Kap. XIII, 13.1.4.1]).

4.1.3 Definition: Gitter

Sei M eine diskrete Untergruppe des Ranges 2 von $\mathbb{C}$. Dies bedeutet, dass es eine $\mathbb{R}$-Basis w_1, w_2 von $\mathbb{C}$ gibt mit

$$M = \mathbb{Z}w_1 + \mathbb{Z}w_2 = \{n_1 \cdot w_1 + n_2 \cdot w_2 \mid n_1, n_2 \in \mathbb{Z}\}.$$

Unter diesen Voraussetzungen nennen wir die Menge M auch ein *Gitter*. Diese Terminologie resultiert aus der geometrischen Gestalt der Menge M.

4.1.4 Charakteristik des Gitters

Für die Herleitung der Weierstraßschen σ-Funktion benötigen wir die Charaktersitik des Gitters. Wir wollen Folgendes beweisen:

Sei Ω ein Gitter wie in 4.1.3. Für $c \in \mathbb{R}$ gilt dann:

$$\sum_{\substack{w \in \Omega, \\ w \neq 0}} \frac{1}{|w|^{c+1}} \text{ konvergiert} \iff c > 1.$$

Die Charakteristik des Gitters ist somit $c = 2$.

Beweis. Zu zeigen ist, dass

$$\sum_{\substack{w \in \Omega, \\ w \neq 0}} \frac{1}{|w|^{c+1}} = \sum_{\substack{n_1, n_2 \in \mathbb{Z}, \\ (n_1, n_2) \neq 0}} \frac{1}{|n_1 w_1 + n_2 w_2|^{c+1}}$$

für $c > 1$ konvergiert.

Dazu führen wir uns zunächst noch einmal die Äquivalenz zweier Normen auf dem $\mathbb{R}$-Vektorraum $\mathbb{C} = \mathbb{R}^2$ vor Augen. Aufgrund dessen existieren nämlich für alle $x_1, x_2 \in \mathbb{R}$ Konstanten c_1, c_2 größer als 0 mit

$$c_1 \cdot (|x_1| + |x_2|) \leq |x_1 w_1 + x_2 w_2| \leq c_2 \cdot (|x_1| + |x_2|). \qquad (4.1)$$

Wir wollen nun die Paare $(n_1, n_2) \in \mathbb{Z}^2$ aus der Basisdarstellung der Gitterpunkte $w = n_1 w_1 + n_2 w_2$ näher betrachten. Dazu machen wir uns einige Überlegungen zur Ebene $\mathbb{Z}^2$. Zu jedem $n \in \mathbb{N} \setminus \{0\}$ gibt es genau $4n$ Paare (n_1, n_2) aus $\mathbb{Z}^2$ mit $|n_1| + |n_2| = n$. Zur Veranschaulichung betrachte man all die Rechtecke in $\mathbb{Z}^2$ mit den Eckpunkten (n_1, n_2) und $|n_1| + |n_2| = n$.

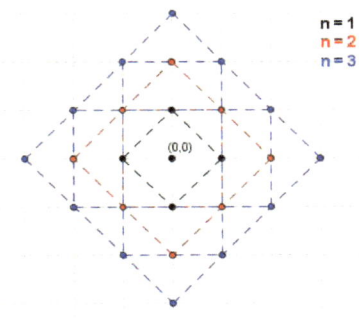

Abbildung 4.1: Veranschaulichung der Rechtecke in $\mathbb{Z}^2$ für $n = 1, 2, 3$.

In Abbildung 4.1 wird deutlich, dass wir so für $n \longrightarrow \infty$ alle Punkte von $\mathbb{Z}^2$ treffen. Indem wir nun also über alle $w \in \Omega \setminus \{0\}$ summieren, erhalten wir:

$$\sum_{\substack{n_1, n_2 \in \mathbb{Z}, \\ (n_1, n_2) \neq 0}} \frac{1}{|n_1 w_1 + n_2 w_2|^{c+1}} = \sum_{n=1}^{\infty} \left(\sum_{|n_1| + |n_2| = n} \frac{1}{|n_1 w_1 + n_2 w_2|^{c+1}} \right). \qquad (4.2)$$

Betrachten wir nochmal (4.1), dann existieren Konstanten c_1, c_2 größer 0, sodass gilt:

$$(c_1 \cdot (|n_1| + |n_2|))^{c+1} \leq |n_1 w_1 + n_2 w_2|^{c+1} \leq (c_2 \cdot (|n_1| + |n_2|))^{c+1}$$
$$\Longleftrightarrow c_1^{c+1} \cdot n^{c+1} \leq |n_1 w_1 + n_2 w_2|^{c+1} \leq c_2^{c+1} \cdot n^{c+1}.$$

Folglich ist dann mit Blick auf (4.2) einerseits

$$\sum_{w \neq 0} \frac{1}{|w|^{c+1}} \leq \sum_{n=1}^{\infty} \frac{4n}{c_1^{c+1} n^{c+1}} = \frac{4}{c_1^{c+1}} \sum_{n=1}^{\infty} \frac{1}{n^c}$$

und andererseits

$$\sum_{w \neq 0} \frac{1}{|w|^{c+1}} \geq \sum_{n=1}^{\infty} \frac{4n}{c_2^{c+1} n^{c+1}} = \frac{4}{c_2^{c+1}} \sum_{n=1}^{\infty} \frac{1}{n^c}.$$

Da bekanntermaßen die Reihe $\sum_{n=1}^{\infty} \frac{1}{n^c}$ für $c > 1$ konvergiert (konvergenter Fall der allgemeinen harmonischen Reihe), konvergiert auch unsere Reihe $\sum_{w \neq 0} \frac{1}{|w|^{c+1}}$ für $c > 1$ und es folgt unsere Behauptung. $\quad\square$

4.1.5 Herleitung der Weierstraßschen σ- Funktion

Wir betrachten für $w_1, w_2 \in \mathbb{C}$ das Gitter $\Omega = \{n_1 w_1 + n_2 w_2 | n_1, n_2 \in \mathbb{Z}\}$. Wir wollen nun mit Hilfe des Weierstraßschen Produktsatzes aus Kapitel 4 eine ganze Funktion σ finden, die genau an den Gitterpunkten von Ω eine Nullstelle der Ordnung 1 hat.

Unsere Menge Ω können wir auch folgendermaßen darstellen:

$$\Omega = \{a_0 = 0, a_1, a_2, \ldots \ldots\}.$$

(Hier gilt: $\forall\, a_k \in \Omega\ \exists\, n_1, n_2 \in \mathbb{Z}$ mit $a_k = n_1 w_1 + n_2 w_2\ \forall\, k \in \mathbb{N}, w_1, w_2 \in \mathbb{C}$ fest.) Da, wie wir bereits wissen, Ω eine diskrete Untergruppe von $\mathbb{C}$ ist, hat unsere Gittermenge keinen Häufungspunkt in $\mathbb{C}$., das heißt es ist

$$\lim_{k \to \infty} a_k = \infty \text{ mit } a_k \in \Omega\ \forall\, k.$$

Außerdem haben wir in 4.1.4 gezeigt, dass unser Gitter Ω die Charaktersitik 2 besitzt. Wir haben somit alle Voraussetzungen für die Anwendung des Weierstraßschen Produktsatzes vorliegen. Da jede Nullstelle die Ordnung 1 hat, gilt hier $n_k = \mathrm{ord}_{a_k}(\sigma) = 1$. Nach 3.3.3 ist somit

$$
\begin{aligned}
\sigma(z) &= z^{n_0} \prod_{k=1}^{\infty} E_2 \left(\frac{z}{a_k} \right) \\
&= z \cdot \prod_{k=1}^{\infty} \left(1 - \frac{z}{a_k} \right) \cdot e^{\frac{z}{a_k} + \frac{1}{2}\left(\frac{z}{a_k}\right)^2} \\
&= z \cdot \prod_{\substack{w \in \Omega, \\ w \neq 0}} \left(1 - \frac{z}{w} \right) \cdot e^{\frac{z}{w} + \frac{1}{2}\left(\frac{z}{w}\right)^2}
\end{aligned}
\tag{4.3}
$$

eine Lösung unseres Nullstellenproblems. Diese Funktion $\sigma(z)$ ist somit eine ganze Funktion, die genau an den Gitterpunkten von Ω Nullstellen der Ordnung 1 besitzt. Die in (4.3) definierte Funktion heißt die *Weierstraßsche σ-Funktion (Weierstraßsche Sigma-Funktion)* zum Gitter Ω.

4.2 Weitere Weierstraßsche Funktionen

Aus der soeben definierten σ-Funktion lassen sich noch weitere *Weierstraßsche Funktionen* herleiten. Diese sollen im Folgenden vorgestellt werden.

4.2.1 Die Weierstraßsche ζ-Funktion

Bilden wir die logarithmische Ableitung der Weierstraßschen σ-Funktion, erhalten wir nach (2.15) folgende Funktion:

$$
\begin{aligned}
\zeta(z) &= \frac{\sigma'(z)}{\sigma(z)} \\
&= \frac{(z \cdot \prod_{\substack{w \in \Omega, \\ w \neq 0}} E_2 \left(\frac{z}{w} \right))'}{z \cdot \prod_{\substack{w \in \Omega, \\ w \neq 0}} E_2 \left(\frac{z}{w} \right)} \\
&\overset{\text{Produktregel}}{=} \frac{z \cdot (\prod_{\substack{w \in \Omega, \\ w \neq 0}} E_2 \left(\frac{z}{w} \right))' + \prod_{\substack{w \in \Omega, \\ w \neq 0}} E_2 \left(\frac{z}{w} \right)}{z \cdot \prod_{\substack{w \in \Omega, \\ w \neq 0}} E_2 \left(\frac{z}{w} \right)} \\
&= \frac{(\prod_{\substack{w \in \Omega, \\ w \neq 0}} E_2 \left(\frac{z}{w} \right))'}{\prod_{\substack{w \in \Omega, \\ w \neq 0}} E_2 \left(\frac{z}{w} \right)} + \frac{1}{z} \\
&\overset{(2.15)}{=} \frac{1}{z} + \sum_{\substack{w \in \Omega, \\ w \neq 0}} \frac{(E_2 \left(\frac{z}{w} \right))'}{E_2 \left(\frac{z}{w} \right)}
\end{aligned}
$$

$$\stackrel{(3.6)}{=} \frac{1}{z} + \sum_{\substack{w \in \Omega, \\ w \neq 0}} \frac{-\frac{1}{w} \cdot e^{L_2\left(\frac{z}{w}\right)} + \left(1 - \frac{z}{w}\right) \cdot L_2'\left(\frac{z}{w}\right) \cdot e^{L_2\left(\frac{z}{w}\right)}}{\left(1 - \frac{z}{w}\right) \cdot e^{L_2\left(\frac{z}{w}\right)}}$$

$$= \frac{1}{z} + \sum_{\substack{w \in \Omega, \\ w \neq 0}} \left(\frac{-\frac{1}{w}}{1 - \frac{z}{w}} + L_2'\left(\frac{z}{w}\right) \right)$$

$$= \frac{1}{z} + \sum_{\substack{w \in \Omega, \\ w \neq 0}} \left(\frac{1}{z - w} + \frac{1}{w} + \frac{z}{w^2} \right). \tag{4.4}$$

Die in (4.4) definierte Funktion $\zeta(z)$ nennen wir die *Weierstraßsche $\zeta-$Funktion* (*Weierstraßsche Zeta-Funktion*) zum Gitter Ω. Sie ist eine auf $\mathbb{C}$ meromorphe Funktion. Siehe dazu 1.1.10 mit $S = \Omega$.

Bekanntermaßen besitzt die Weierstraßsche σ-Funktion einfache Nullstellen bei den Gitterpunkten von Ω. Im Gegensatz dazu besitzt die Weierstraßsche ζ-Funktion in genau diesen Punkten einfache Pole.

4.2.2 Die Weierstraßsche $\wp$-Funktion

Weiterhin wollen wir hier noch die *Weierstraßsche $\wp$-Funktion zum Gitter Ω* anführen. Diese meromorphe Funktion hat die Form

$$\wp(z) := -\zeta'(z)$$

$$= - \left(\frac{1}{z} + \sum_{\substack{w \in \Omega, \\ w \neq 0}} \left(\frac{1}{z - w} + \frac{1}{w} + \frac{z}{w^2} \right) \right)'.$$

Da die Reihe in der Weierstraßschen ζ-Funktion in $\mathbb{C} \setminus \Omega$ kompakt konvergent ist (siehe dazu (iii) in 2.2.4), können wir hier gliedweise differenzieren und erhalten:

$$\wp(z) = - \left(-\frac{1}{z^2} + \sum_{\substack{w \in \Omega, \\ w \neq 0}} \left(\frac{-1}{(z - w)^2} + \frac{1}{w^2} \right) \right)$$

$$= \frac{1}{z^2} + \sum_{\substack{w \in \Omega, \\ w \neq 0}} \left(\frac{1}{(z - w)^2} - \frac{1}{w^2} \right). \tag{4.5}$$

Diese $\wp$-Funktion in (4.5) besitzt Pole 2. Ordnung in den Gitterpunkten des Gitters Ω (vgl. 1.1.9).

Bemerkung: Die Weierstraßsche $\wp$-Funktion zum Gitter Ω ist periodisch für jedes $w \in \Omega$, also für jedes $w = n_1 w_1 + n_2 w_2$ mit $w_1, w_2 \in \mathbb{C}, n_1, n_2 \in \mathbb{Z}$ (deswegen heißt sie auch *doppelperiodisch*, da sie die zwei Perioden w_1 und w_2 hat). Es gilt somit (vgl. 1.1.12):

$$\wp(z + w) = \wp(z) \ \forall \ w \in \Omega, \ \forall \ z \in \mathbb{C}.$$

Beweis. Wir wollen zunächst zeigen, dass die $\wp$-Funktion gerade ist, das heißt, dass $\wp(z) = \wp(-z)$ gilt. Dazu müssen wir uns klar machen, dass, wenn wir alle Elemente in $\Omega \setminus \{0\}$ mit w durchlaufen wollen, auch $-w$ alle Elemente aus $\Omega \setminus \{0\}$ durchläuft. Daher gilt Folgendes:

$$\wp(-z) = \frac{1}{(-z)^2} + \sum_{\substack{w \in \Omega, \\ w \neq 0}} \left(\frac{1}{((-z) - w)^2} - \frac{1}{w^2} \right)$$

$$= \frac{1}{(-z)^2} + \sum_{\substack{w \in \Omega, \\ w \neq 0}} \left(\frac{1}{((-z) - (-w))^2} - \frac{1}{(-w)^2} \right)$$

$$= \frac{1}{(-z)^2} + \sum_{\substack{w \in \Omega, \\ w \neq 0}} \left(\frac{1}{(-(z - w))^2} - \frac{1}{(-w)^2} \right) = \wp(z).$$

Nun betrachten wir die Ableitung der $\wp$-Funktion. Da die Reihe in (4.5) in $\mathbb{C} \setminus \Omega$ kompakt konvergent ist, gilt:

$$\wp'(z) = \left(\frac{1}{z^2} + \sum_{\substack{w \in \Omega, \\ w \neq 0}} \left(\frac{1}{(z - w)^2} - \frac{1}{w^2} \right) \right)'$$

$$= -\frac{2}{z^3} + \sum_{w \in \Omega} \frac{-2}{(z - w)^3}$$

$$= -2 \cdot \sum_{w \in \Omega} \frac{1}{(z - w)^3}$$

$$\overset{w_0 \in \Omega \text{ fest}}{=} -2 \cdot \sum_{w \in \Omega} \frac{1}{(z - w - w_0)^3}$$

$$= -2 \cdot \sum_{w \in \Omega} \frac{1}{((z - w_0) - w)^3}$$

$$= \wp'(z - w_0).$$

Es ist somit $\wp'(z) - \wp'(z - w_0) = 0$ für alle $z \in \mathbb{C}$ und alle festen $w_0 \in \Omega$. Daraus folgt dann, dass $\wp(z) - \wp(z - w_0)$ konstant ist für eine Konstante

$c \in \mathbb{C}$. Wir setzen nun $z = \frac{w_0}{2}$. Dann gilt:

$$c = \wp(\frac{w_0}{2}) - \wp(\frac{w_0}{2} - w_0) = \wp(\frac{w_0}{2}) - \wp(-\frac{w_0}{2}) \stackrel{\wp \text{ gerade}}{=} 0.$$

Daraus folgt unsere Behauptung:

$$\wp(z) = \wp(z + w_0) \ \forall \ z \in \mathbb{C}, \ \forall \ w_o \in \Omega.$$

$\square$

Kapitel 5

Schlussbemerkung

Mit dem Weierstraßschen Produktsatz haben wir einen fundamentalen Satz der Funktionentheorie hergeleitet, bewiesen und angewandt. Er bietet nun die Grundlage um noch tiefer in die Materie zu gehen.

Beispielsweise können wir Vorschriften zum Auffinden der Funktion $g(z)$ in (3.11) in dem auf diese Arbeit aufbauenden Produktsatz von JACQUES HADAMARD (* 8. Dezember 1865, †17. Oktober 1963) finden.

Außerdem können wir die $\wp$-Funktion noch näher betrachten. Sie ist sozusagen die einfachste elliptische Funktion. Zusammen mit ihrer Ableitung bildet sie den Körper aller elliptischen Funktionen über ein Gitter Ω. Wir können also alle elliptischen Funktionen mit ihrer Hilfe darstellen (vgl. weiterführend [Fischer und Lieb 2010, Kap. 7, S. 163f]).

Literaturverzeichnis

[Balser 2007] BALSER, Werner: *Vorlesungsmanuskript zur Funktionentheorie II.* Online abrufbar unter http://www.mathematik.uni-ulm.de/m5/balser/Skripten/Fth-II.pdf (zuletzt aufgerufen: 18.07.2012).

[Fischer und Lieb 2010] FISCHER, Wolfgang und LIEB, Ingo: *Einführung in die komplexe Analysis.* 1. Auflage, Vieweg und Teubner, Wiesbaden 2010.

[Fritzsche 2009] FRITZSCHE, Klaus: *Grundkurs Funktionentheorie. Eine Einführung in die komplexe Analysis und ihre Anwendungen.* Spektrum, Heidelberg 2009.

[Lorenz 1997] LORENZ, Falko: *Funktionentheorie.* Spektrum, Heidelberg 1997.

[Remmert 2007] REMMERT, Reinhold: *Funktionentheorie 2.* 3. Auflage, Springer, Heidelberg 2007.